献给孩子们的一份
无比珍贵的知识大礼包

有声伴读

神奇的物理

神奇的光

李建峰◎编绘

应急管理出版社

·北京·

小朋友，这里一片黑漆漆的，什么也看不见。

我们的眼睛想要看见物体，需要有什么呢？
要有光！有了光，世界顿时变得明亮了，
我们就能看见世间万物。

光跑得很快很快！仅仅 1 秒钟，光就可以跑大约 30 万千米。这相当于绕着地球跑了七圈半呢！

猜一猜，这团黑乎乎的东西是什么？
它的名字叫作影子。
你发现了吗？有光的地方，往往就会出现影子。

　　小朋友，在生活中，你能找到哪些影子呢？
　　在太阳下，人会有影子；在灯光下，桌子会有影子；
在月光下，大树也会有影子。

　　午后，在阳光的照耀下，房间里的东西基本都有影子。

　　咦，玻璃为什么没有影子？

　　要想解答这个问题，首先我们需要了解影子产生的原理。在同一种均匀的介质中，例如空气，光会沿着直线传播。看，阳光透过云层的缝隙，笔直地洒了下来；汽车的灯光也能照亮路面。

但是，在传播的过程中，如果光被不透明的物体挡住，它就无法继续通过了。这时，就会出现影子。玻璃是透明的，光可以从它中间穿过，所以我们在玻璃的附近找不到影子。

突然，窗外雷声大作，天空暗了下来。
"咔嚓！"一道闪电划破天际。
"轰隆隆！"雷声滚滚而来。
"哗啦哗啦……"下雨啦！

雨过天晴，天空中出现了一座"拱形桥"，上面有七色光，真漂亮！

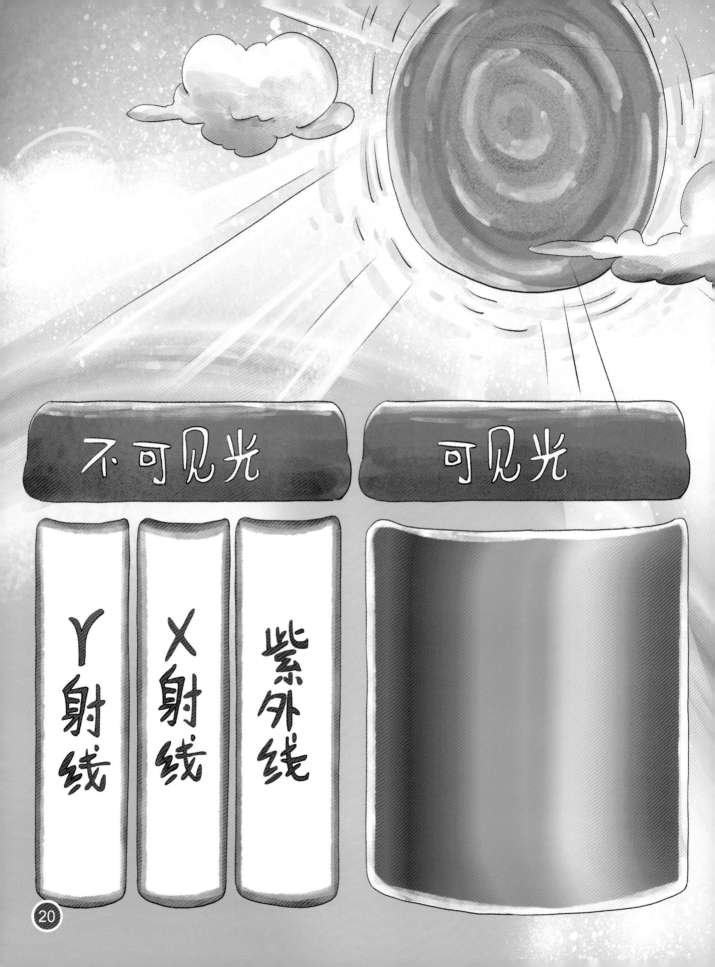

这座拱形桥叫作彩虹，是一种常见的光学现象。它是怎么出现的呢？

先看看这张电磁波谱图，太阳光也是一种电磁波。太阳光里也有可见光和不可见光。在太阳可见光中，有红、橙、黄、绿、蓝、靛、紫七种颜色。

不可见光

近红外线

中红外线

远红外线

微波

无线电波

雨过天晴，空气中飘浮着小水滴，当阳光照射到小水滴上，光线会发生折射和反射。

这时，神奇的魔术开始了！天空中出现了一道拱形的七彩光谱，它就是美丽的彩虹！

图书在版编目（CIP）数据

神奇的物理．神奇的光/李建峰编绘．－－北京：应急
管理出版社，2024
ISBN 978－7－5020－9865－0

Ⅰ.①神… Ⅱ.①李… Ⅲ.①光学—儿童读物 Ⅳ.
①O4－49

中国国家版本馆 CIP 数据核字(2023)第 183533 号

神奇的物理 神奇的光

编 绘	李建峰
责任编辑	孙 婷
封面设计	太阳雨工作室

出版发行 应急管理出版社（北京市朝阳区芍药居 35 号 100029）
电 话 010－84657898（总编室） 010－84657880（读者服务部）
网 址 www.cciph.com.cn
印 刷 德富泰（唐山）印务有限公司
经 销 全国新华书店
开 本 889mm×1194mm$\frac{1}{16}$ 印张 10 字数 100 千字
版 次 2024 年 1 月第 1 版 2024 年 1 月第 1 次印刷
社内编号 20210965 定价 198.00 元（共五册）